稀有物种观察日记

稀有昆虫观察日记

彭麦峰 著 一本书文化 绘

广西科学技术出版社

图书在版编目（CIP）数据

稀有昆虫观察日记 / 彭麦峰著；一本书文化绘 . —南宁：广西科学技术出版社，
2024.10
　（稀有物种观察日记）
　ISBN 978-7-5551-2206-7

　Ⅰ．①稀... Ⅱ．①彭... ②一... Ⅲ．①昆虫—少儿读物 Ⅳ．① Q96-49

中国国家版本馆 CIP 数据核字（2024）第 097652 号

XIYOU KUNCHONG GUANCHA RIJI

稀有昆虫观察日记

彭麦峰　著　　一本书文化　绘

责任编辑：罗　风　　　　　　　　　　责任校对：吴书丽
装帧设计：张亚群　韦娇林　　　　　　责任印制：陆　弟

出 版 人：岑　刚　　　　　　　　　　出版发行：广西科学技术出版社
社　　址：广西南宁市东葛路 66 号　　邮政编码：530023
网　　址：http://www.gxkjs.com　　　编辑部电话：0771-5871673

印　　刷：运河（唐山）印务有限公司
开　　本：787 mm×1092 mm　1/16
字　　数：96 千字　　　　　　　　　　印　　张：6
版　　次：2024 年 10 月第 1 版　　　　印　　次：2024 年 10 月第 1 次印刷
书　　号：ISBN 978-7-5551-2206-7
定　　价：45.00 元

目录

假期，我们一家来云南旅游，我很高兴。西双版纳有很多原始森林公园。在森林公园里，我看到许多稀有动物！其中有一种昆虫很会伪装，它藏在树叶里一动不动，不仔细看会以为它是叶子呢。导游说这片"叶子"是一种昆虫，叫作叶螭（xiū），这种昆虫很稀有。我被这种昆虫深深地迷住了，于是仔细地观察起来。

日记点评

作者准确地抓住了写作的要点，围绕观察对象着重描写其外形特点，最后还通过侧面描写凸显出叶螭的特别之处。

我们来看一下叶䗛都有哪些特点吧！"叶䗛"是䗛目叶䗛科昆虫的通称。本科在中国共有10种，全部属于国家二级保护野生动物。

名称	分布/栖息	特点	食性
叶䗛	温暖湿润的雨林，高大的树木上	拟态能力最强的昆虫之一，善于伪装成树叶，甚至可以模拟树叶生病的斑纹、伤痕，使自己看上去和真的树叶几乎一模一样。喜欢藏在树叶背面，不善飞翔	喜欢吃壳斗科、蔷薇科、桃金娘科植物的叶子

不同种类的叶䗛，会根据其父母的遗传，居住在不同的环境中，从而选择不同的保护色。

你怎么偏偏喜欢枯叶的颜色，不喜欢绿叶的颜色？

这都是妈妈遗传的。

走你！儿子，去那边慢慢长大吧。

叶䗛的卵和植物的种子很像。叶䗛妈妈为了让幼虫能够在远一些的地方孵化，会像发射炮弹那样，用腹部末端的产卵瓣把卵弹射到远处的地面，让其自然孵化。

请找一找叶蝽藏在哪里。

扭尾曦春蜓

今天早上，爷爷带我去爬山。在一条小溪旁边，一只特别的蜻蜓引起了我的注意。和我见过的蜻蜓不一样，它头很大，圆鼓鼓的。爷爷说它叫扭尾曦春蜓，是一种会抓蝌蚪、小鱼来吃的蜻蜓，现在很罕见，是国家二级保护野生动物。

日记点评

作者抓住了扭尾曦春蜓的外貌特征：头很大，圆鼓鼓的。这就是外形描写。我们在写作时要注意观察，留心稀有物种身上那些引人注目的特征，并记录下来，写到日记里。

扭尾曦春蜓是国家二级保护野生动物，分布在我国的沿海地区，在越南也有分布。它常在没有污染的水塘、溪流附近活动，主要食物是蜉蝣稚虫、蚊类幼虫、蝌蚪、小鱼，还有同类的其他个体。

名称	分布 / 栖息	特点	食性
扭尾曦春蜓	没有污染的水塘和溪流	在幼虫生活的水塘、溪流附近，常能看到成虫飞翔	幼虫在水塘、溪流的砂粒、泥、水草里捕捉食物

扭尾曦春蜓的幼虫从水里爬出，经过几个小时或者几天，体壳硬化后，就能自由地飞翔。

我更喜欢在这里产卵。

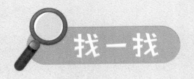
请找一找扭尾曦春蜓在哪里。

棘角蛇纹春蜓

今天下午，爸爸妈妈带我来雁栖湖游玩。我看到一只绿色的蜻蜓正趴在湖边的一块石头上，懒洋洋地晒着"日光浴"。这只蜻蜓穿着翠绿色的外衣，上面还画着黑色的图样，透明的翅膀在阳光下轻轻扇动，美丽极了！我去公园管理处问了工作人员，一位阿姨告诉我，这只蜻蜓叫作棘（jí）角蛇纹春蜓，是国家二级保护野生动物，在北京的许多溪流和水库附近都有它的身影。

日记点评

作者运用了拟人的修辞手法，描写该物种"晒着'日光浴'"，"穿着翠绿色的外衣"。这样的描写不但使日记富有文采，而且生动地描绘出棘角蛇纹春蜓的生活习性和外形特征。

物种卡片

我们来看看日记写的这种昆虫还有哪些特点值得关注。棘角蛇纹春蜓是国家二级保护野生动物，之所以得名如此，是因为它的腹部花纹很像蛇皮的花纹。它的个头比扭尾曦春蜓更大一些，对生态环境的要求非常高。

名称	分布／栖息	特点	爱好
棘角蛇纹春蜓	喜欢住在海拔1000米以下的山区河流地带，在北京、河北、内蒙古等地都有它的身影	眼睛是由许多小眼组成的复眼，所以视觉特别灵敏	和其他蜻蜓一样，其幼虫在水中生活。成虫善飞翔，在空中捕捉小昆虫作为食物

棘角蛇纹春蜓是蜻蜓家族中的"飞行专家"，不仅耐力很好，可以适应远途飞行，还会"定点"飞行，就是在空中原地飞行。

这水，有毒！

棘角蛇纹春蜓还是一种水质环境指示昆虫。因为它的幼虫是在水中生活的，对生存环境要求非常苛刻，所以它居住的地方往往是水质优良、水生植被丰富之地。

找一找

仔细对比，找一找哪一只是棘角蛇纹春蜓。

中华缺翅虫

今天，老师带我们来参观昆虫博物馆。我认为最有趣的昆虫是中华缺翅虫。它没有翅膀，个头也特别小，就像一颗褐色的大米粒。如果不仔细观察，几乎看不清它的样子。在一片茂密的植物下面，透过放大镜，我看到许多中华缺翅虫忙碌地爬来爬去，还时不时用触角和它的小伙伴们打招呼。工作人员介绍说，中华缺翅虫是我国独有的物种，也是国家二级保护野生动物。

日记点评

作者运用了比喻的修辞手法，把中华缺翅虫比作褐色的大米粒，巧妙地抓住了中华缺翅虫小而无翅、晶莹剔透的特征，十分生动，让人对中华缺翅虫的外形有了更加深刻的印象。

中华缺翅虫是国家二级保护野生动物。它喜欢生活在树叶繁茂、温暖潮湿的树皮下或者土壤中，单个或者集群生活。1973年，我国生物学家黄复生教授首先发现了它，并正式命名。

名称	分布/栖息	特点	食性
中华缺翅虫	中国西藏，雨林地带的树皮下或土中	非常小，成虫体长只有0.3～0.4厘米；头部较大，呈三角形；触角像两串珠子；幼虫近似透明，成虫呈深褐色	主要以真菌的孢子和螨虫为食

中华缺翅虫是一种古老而特化的类群，分布范围非常狭窄，主要分布在我国西藏。因为它们体形很小，非常不起眼，所以在观察它们的活动时，经常要用到放大镜。

快刹车呀！

虽然名字中有"缺翅"，但是少数中华缺翅虫拥有两对翅膀，前翅稍大，后翅较小。不过，它们的翅膀只是摆设，它们并不会飞。中华缺翅虫的行动非常灵活，甚至还善于急停和随时转向。

请找一找哪种环境是中华缺翅虫栖息的地方。

墨脱缺翅虫

今天，我来到西藏墨脱。这里的丛林里居住着一种神奇的昆虫——墨脱缺翅虫。这是一种很罕见的昆虫，因为它只居住在我要西藏的密林深处，这里气候温和，雨量充沛，人类活动极少，很适合它生活。墨脱缺翅虫的外形很像蚂蚁，颜色也是褐色的，看起来很不起眼。它的脸上长着长长的触须，像是老爷爷的长胡子。它的尾巴上长着一对坚硬的角，仿佛是战斗的武器。和中华缺翅虫一样，墨脱缺翅虫也只在西藏被发现，它们都被列为国家二级保护野生动物。

日记点评

作者多次运用了比喻的修辞手法，既把墨脱缺翅虫的触须比作老爷爷的长胡子，又把其尾巴上的角比作战斗武器，生动地描写出墨脱缺翅虫的外貌特征。

物种卡片

这里还有些背景知识可以学习，一起看看吧！

墨脱缺翅虫是缺翅目缺翅虫科的昆虫，由生物学家黄复生教授 1974 年在我国西藏墨脱首先发现。这是一种古老的物种，属于原始稀有昆虫。

名称	分布 / 栖息	特点	食性
墨脱缺翅虫	在西藏墨脱、波密的雨林中，喜欢在树皮、腐殖土中生活	非常小，成虫体长只有 0.3 ~ 0.4 厘米。部分雌性有翅。成虫经常通过舔舐身体的各个部位来给自己"洗澡"	喜好群居生活，以小型节肢动物和真菌的孢子等为食

当生存环境恶化时，墨脱缺翅虫会迅速分化出有翅的个体，用翅膀助力，到更远的地方生存。

下面哪些是墨脱缺翅虫的食物呢?

中华蛩蠊

今天，爸爸妈妈带我来爬长白山。在景区展厅里，我看到了国家一级保护野生动物中华蛩（qióng）蠊的标本。它是一种特别的昆虫，外形像蚂蚁，个头也小小的，大约有一厘米长。它的全身呈棕黄色，身躯细长，头上长着两根线一样的触须。它的尾巴有点像蟋蟀的尾巴，长着两根短短的须。爸爸说，这是一种很罕见的昆虫，从虫卵长大为成虫，至少要经历五年的时间。它们喜欢寒冷的环境，只在高山上生活。要是能亲眼看看它们，该有多好呀！

日记点评

作者将中华蛩蠊的外貌特征描写得十分细致，从整体的外形，到个头的大小，再到细微的触须，最后到尾巴，向读者展现了一只栩栩如生的中华蛩蠊标本，整体结构非常流畅。

中华蛃蠊是国家一级保护野生动物。1986年8月28日，动物研究专家王书永在长白山区科学考察时发现了它，并命名为中华蛃蠊。

名称	分布/栖息	特点	食性
中华蛃蠊	长白山低温环境里，气候冷湿地区的岩石、缝隙中，树林枯枝落叶间，有时也在冰雪表面或冰洞中出现	成虫体长1厘米左右，身体细长，背面和头部呈棕黄色，胸部没有翅膀，尾巴处有长而分节的尾须。雌虫具有形状像刀剑一样的产卵器	杂食性昆虫，喜欢夜间觅食，以苔藓或小型昆虫为食

中华蛃蠊是渐变态发育，从虫卵到孵化需要1年，需要5到8年才长大成为成虫。中华蛃蠊对温度的要求很苛刻，最适宜在温度为0℃左右的环境中生存。当环境温度超过16℃时，其死亡率显著提高。

热死我啦！

快到这里来！

在我国，中华蛃蠊主要分布在吉林长白山、新疆阿尔泰山海拔2000米靠近湖沼、融雪或水流的湿润地区。因此，中华蛃蠊是一种罕见的昆虫。

找一找

中华蛩蠊生活在哪里？在砂砾地里，石头下面，还是在树上呢？

陈氏西螱蠊

今天，学校组织大家参观了动物研究所。在那里，我见到了国宝级动物的标本——陈氏西螱蠊标本。老师告诉我们，螱蠊不仅在野外罕见，全世界范围内收藏有螱蠊标本的博物馆也是屈指可数。陈氏西螱蠊的身体细长，穿着黄褐色的衣服，身上长有六条腿，前腿纤细短小，后腿粗壮有力。它的头部像一个小小的三角形，身体一节一节的，腿上和触须上还有细小的绒毛，像个外星生物一样。

日记点评

"屈指可数"意思是扳着手指就可以数清楚，形容数量稀少，这里用词准确，值得表扬。我们在运用不熟悉的成语的时候，要记得查阅资料，弄懂用法，这样才不会闹出笑话。

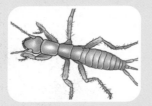

看看这个"外星生物"还有哪些特点。陈氏西蛩蠊，2009 年在我国新疆阿尔泰山区首次被发现，是在我国发现的第二种蛩蠊，也是西蛩蠊属的第 3 个种。

名称	分布 / 栖息	特点	食性
陈氏西蛩蠊	仅在北纬 33°~ 60° 寒冷的高山和高原上分布，居住在靠近冰川和融雪地带的水源附近	善于爬行，动作敏捷。喜欢在石缝、朽木下、洞穴中休憩	杂食性昆虫，以苔藓和小型昆虫为食

陈氏西蛩蠊是渐变态发育，它的卵孵化需要 1 年，若虫期约 8 个月，要经历 5 年左右才发育为成虫。它的翅膀已经完全退化。它仅可以在低温环境下生存，但如果环境温度低于 0℃，它会因体内水分结晶而死亡，这导致了其种群扩散能力弱，难以大面积繁衍。

我可是和大熊猫一样珍贵呢！

我们蛩蠊在全世界也很稀有！

我国目前已知的蛩蠊只有中华蛩蠊和陈氏西蛩蠊两种，它们都是国家一级保护野生动物。全世界已经发现了超过 100 万种昆虫，但是已发现的蛩蠊只有 29 种。在世界范围内，蛩蠊也是非常珍稀的昆虫。

找一找

哪一种是陈氏西蛩蠊爱吃的食物？

中华旌蛉

今天，我和爸爸妈妈到怒江两岸的云南高黎贡山旅游。傍晚时分，我看到一只仙气飘飘的飞虫。它长得既像蝴蝶，又像蜻蜓，拖着长长的飘带，忽闪着美丽的翅膀在空中舞蹈，最后落在一朵花上吸取花蜜。它的前翅宽大，上面绘着黑黄相间的花纹，后翅像是两条细细的飘带。它的身体一节一节的，十分苗条。妈妈告诉我，这是本地特有的昆虫——中华旌（jīng）蛉（líng），是国家二级保护野生动物。

日记点评

　　作者运用了比拟的修辞手法，没有直接把飞虫比作仙女，而是借仙女身上的飘带来描写飞虫的翅膀，让我们感觉中华旌蛉仿佛仙女一样在空中曼舞，非常生动！

看看关于中华旌蛉的知识还有哪些。中华旌蛉是我国目前唯一发现的旌蛉科昆虫。1986 年，我国著名昆虫分类学家杨集昆首次发表了中华旌蛉的标本记录。中华旌蛉飞行时后翅舞动，像是敦煌壁画中的飞天，所以被称为昆虫界的"仙女"。

名称	分布／栖息	特点	食性
中华旌蛉	仅在云南泸水发现，幼虫生活在植物根系周边的沙土下	成虫后翅特化为丝带状或叶状，大约是前翅的两倍长，具有伪装、平衡和控制体温等功能	成虫以花蜜、鲜嫩花叶为食，幼虫捕捉小型昆虫为食

中华旌蛉为变态发育，幼虫身体扁平，长着长长的"脖子"，头部有钳状的触角。其擅长用沙土掩盖自己，趁猎物不注意时，突然出击，抓住猎物并注射具有麻痹效果的毒液。

坐等午饭送上门。

哈哈，我的嘴很方便吸取花蜜。

中华旌蛉的口器呈喙状，像是鸭嘴，方便进食，所以也被戏称为"鸭嘴仙女"。

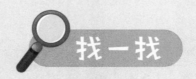
请帮助中华旌蛉的幼虫找到它的妈妈。（连线题）

拉步甲

　　今天，学校组织我们到植物园参观。在一片草丛中，我们发现了一只大甲虫。它的个头有三四厘米长，像我的小拇指一样长，头和身体很小，拖着大大的肚子。它的头和胸部是红色的，大肚子是绿色的，浑身泛着金色的光，在阳光下十分耀眼。它的后背上有很多凸起的条纹，像是一串串宝石。老师说："这种昆虫叫作拉步甲，是国家二级保护野生动物，因为色彩艳丽，也叫艳步甲。它会释放毒液来防御敌人，大家千万不要触摸它。"

日记点评

　　作者在刻画拉步甲的特征时十分细致，把它的个头、头部、胸部、肚子和后背都描写了一遍。我们在写作的时候，也要按照观察的先后顺序进行描写，这样才不会让人觉得凌乱。

物种卡片

虽然不能触摸拉步甲，但我们可以了解它的这些知识点。拉步甲是步甲科大步甲属昆虫，是国家二级保护野生动物，是我国特有物种。它的头部和前胸背板多呈绿色带金黄或金红光泽。

名称	分布 / 栖息	特点	食性
拉步甲	生活在海拔 1500 ~ 2400 米的山间，主要分布在我国辽宁、河南、四川、福建、江西等地。幼虫主要生活在浅土层中，成虫生活在落叶、草丛和松土中	会释放毒液来防御敌人。成虫的毒液对皮肤和黏膜有强烈的刺激性，会使皮肤起疱。体长 3.4 ~ 3.9 厘米	幼虫喜欢捕食蜗牛、蛞蝓等软体动物。成虫一般夜晚捕食，主要食物有蚊、蝇等双翅目昆虫和蜗牛等小型软体动物

拉步甲是完全变态类昆虫，它的成长分为卵、幼虫、蛹、成虫四个阶段。

哈，又有东西吃了，我要吃饱饱，快快长大变成成虫！

来啊！碰我试试！让你烂嘴巴！

拉步甲会释放毒液来防御敌人。当成虫受到侵害时，其臀腺会释放含有蚁酸或苯醌的防御物质。蚁酸能刺激皮肤起疱，苯醌对皮肤和黏膜有强烈的刺激性。

找一找

拉步甲藏在哪里?

硕步甲

放暑假了，爷爷带我来农田里看庄稼。突然，我看到一只甲虫迅速地从稻田里爬出来，急匆匆地钻进了树林里。爷爷告诉我，它叫硕步甲，是国家二级保护野生动物，擅长捕捉害虫，是一名优秀的"庄稼卫士"。我耐心地等了一会儿，便见它从一片落叶下探出了头。它的头上长着两根长长的触角，身子前小后大，后背是蓝色的。它的腹部盖着坚硬的盔甲，上面有一串串小小的凸起，看起来像姐姐的长辫子。

日记点评

作者运用了比喻的修辞手法，把硕步甲腹部背板上凸起的花纹比作姐姐的长辫子，向我们刻画出硕步甲鲜明的特征。我们要注意，在使用比喻的修辞手法时，所选择的喻体必须足够形象。

硕步甲是我国特有的物种，是国家二级保护野生动物，又叫大卫步甲。成虫体长 3～4 厘米，体宽 1～1.4 厘米，背部多为蓝紫色，甲壳上具成列的刻点。硕步甲主要分布于我国东部的浙江、福建、江西，以及南部的广东等地。

名称	分布 / 栖息	特点	食性
硕步甲	住在砖石、落叶下或较浅土层中。成虫在 2～3 厘米深的土壤中产卵，孵化后的幼虫也生活在土壤中	"虫如其名"，硕步甲非常善于行走，成虫和幼虫都活动敏捷，堪称昆虫中的"竞走健将"	幼虫喜食蜗牛、蛞蝓等软体动物。成虫捕食蜗牛等软体动物和苍蝇、蝗虫等小型昆虫

硕步甲是凶猛的肉食性昆虫，被称为昆虫中的"猎豹"。硕步甲喜欢白天藏在石块下、枯叶或草丛中，黄昏时分出来狩猎。

我可是昆虫中的猎豹！

呼呼，在地里可以过冬。

硕步甲不善飞翔，主要在地表活动，或者在土壤表层挖掘隧道活动。一般 1～2 年完成 1 代，成虫或幼虫形态均可以过冬。

硕步甲和拉步甲有什么不一样呢?

中华两栖甲

今天，老师布置了一项作业，让我们观察一种在本地生活的物种。我的观察对象是中华两栖甲。它是长白山上特有的物种，是一种两栖甲虫。书上说，它是水生甲虫和陆生甲虫的过渡物种，因此也被称为甲虫中的"活化石"。它的个头不大，和一枚一元硬币差不多。它浑身都是褐色的，后背上点缀着白色的斑点，这也是它的保护色，不起眼的颜色让它很容易和枯叶、树皮混在一起，避免被天敌发现。

日记点评

作者运用了类比的修辞手法，把中华两栖甲的个头和一元硬币的大小做比较，巧妙地描写出这种昆虫的大小，比直接列举数字更加生动直观。从这处细节描写可以看出作者观察之细致。

中华两栖甲属于两栖甲科。这一科的物种在全世界仅有5种，我国分布有2种，分别是中华两栖甲和大卫两栖甲；北美洲西部分布有3种。

名称	分布 / 栖息	特点	食性
中华两栖甲	分布在吉林长白山的寒冷激流中	两栖甲演变历史悠久，是一个孑遗类群，起源于两亿多年前的三叠纪，这也是恐龙崛起的时期	喜欢捕食水中其他昆虫的幼虫

中华两栖甲属于国家二级保护野生动物，和分布在四川西部的大卫两栖甲均被列入《有重要生态、科学和社会价值的陆生野生动物名录》，也就是俗称的"三有"动物。

我可是两栖活动的。

和大块头邻居合影。

昆虫学家研究发现，中华两栖甲和北美的两栖甲种类接近，和大卫两栖甲不接近，这被认为是北美板块和亚洲板块在远古时期曾有接触的一项证据。

找一找

中华两栖甲在哪里？

上帝巨蜣螂

　　放暑假啦！爸爸妈妈带我来西双版纳的热带雨林游玩。我们参观了野象谷，见到了巨大的亚洲象。在亚洲象的住处，我看到一位特殊的"客人"。它的外形十分炫酷，浑身黑漆漆的，像个缩小版的变形金刚。它的头像个大铲子，还长了一对有力的犄角；背上还有一只尖尖的角，看起来像犀牛的角，仿佛是用来战斗的长矛。导游告诉我们，这是上帝巨蜣螂，是屎壳郎的一种，会分解亚洲象的粪便，所以它是亚洲象的好朋友。

日记点评

　　作者运用了比喻的修辞手法，抓住了上帝巨蜣螂外形炫酷、背角锋利的特点，把其外形比作变形金刚，背角比作用来战斗的长矛，形象地刻画了上帝巨蜣螂的外貌特点，使文章妙趣横生。

上帝巨蜣螂可不是一般的蜣螂，它也叫大王象粪蜣螂或上帝粪蜣，是国家二级保护野生动物。在我国主要分布在云南西双版纳，在印度、马来半岛等地也有分布。

名称	分布 / 栖息	特点	食性
上帝巨蜣螂	成虫生活在东南亚地区的热带雨林中	上帝巨蜣螂是蜣螂中的"大块头"，雄虫体长可达 7 厘米。雌虫会将粪便滚成梨子状，并把卵产在其中	成虫以亚洲象的粪便为食

生活在热带雨林中的亚洲象每天会产生大量的粪便，上帝巨蜣螂的劳动可以加速亚洲象粪便的分解，使其成为可供其他生物利用的物质，让土壤更加肥沃。

全世界共发现 2 万多种蜣螂。蜣螂大多以粪便为食，有"大自然的清道夫"之称。蜣螂被认为是自然界中最有力量的昆虫，它可以推动相当于自身重量1000 倍重的物体。

比我重 1000 倍的东西我也可以推得动！

上帝巨蜣螂的食物在哪里?

安达刀锹甲

　　今天，我和朋友一起去郊游。我们来到水库旁的草地上野炊，草丛中一只巨大的甲虫引起了我们的注意。它个头和我的手掌差不多大，全身覆盖着褐色的盔甲，前额长了两根有力的触角，像是准备出征的大将军。我们请教了水库的管理人员，他告诉我们："这种甲虫叫作安达刀锹甲，是国家二级保护野生动物，每到繁殖期，头顶上的两只大钳子就是它的作战武器。"

来战斗吧！

日记点评

　　作者在日记开头把安达刀锹甲比作准备出征的大将军，结尾处把它的钳子比作作战武器，通过细致的刻画和描写，使安达刀锹甲威风凛凛的形象跃然于纸上。

安达刀锹甲不仅外观霸气，而且稀有，被列为国家二级保护野生动物。安达刀锹甲也叫安达大锹，分布在我国的西南部和南部地区，在印度及东南亚国家也有分布。雄虫体长最长可达9.32厘米，属于锹甲科动物中的大型品种。

名称	分布／栖息	特点	食性
安达刀锹甲	幼虫在腐木、土壤中孵化	成虫以夜间活动为主，有趋光性，个别种类也在白天活动	成虫以植物汁液、花蜜、果实等为食，幼虫以朽木和腐殖质为食

锹甲拥有咀嚼式口器，包括上唇、上颚、下颚、下唇和舌五个部分。上颚是锹甲切碎食物的重要器官，也是雄虫的作战武器。因此，大部分锹甲在进化过程中上颚巨大化，一些种类的雄性锹甲甚至因此丧失了咀嚼能力，只能吸食食物。一般雌性个体的上颚比雄性个体的小。

老婆，这花蜜好吃！

安达刀锹甲只有在合适的温度下才会交配产卵，它的繁殖期十分短暂，一般在5～9月活动，7～8月是最活跃的时期。

下图中安达刀锹甲爸爸、妈妈、孩子分别是哪只?

巨叉深山锹甲

　　今天，我跟爸爸妈妈一起来武夷山爬山啦！山上风景很好，听学习生物的表哥说这里生活着稀有的巨叉深山锹甲，真让我期待！在爬山的过程中，我们的眼前突然飞来一只长着巨大"钳子"的甲虫，它停留在一棵大树上。这只甲虫个头挺大，威武帅气！它全身呈棕黑色或暗红色，略有光泽，腿节中部呈黄色。我们都对它特别好奇，爸爸赶忙拿手机拍照查询了一下，确定了它的身份，原来这就是巨叉深山锹甲。我第一次看见这种昆虫呢，我可太开心啦！

日记点评

　　作者细致地描写了巨叉深山锹甲的体貌特征，并且在描写其飞行过程和外貌特征时，不断抒发自己对巨叉深山锹甲虫的喜爱之情，增强了文章的感染力。

看看还有哪些关于这只威武的甲虫的知识。巨叉深山锹甲属于锹甲科，是我国南方地区常见的深山属锹甲，是我国大型锹甲之一，是国家二级保护野生动物。

名称	分布 / 栖息	特点	食性
巨叉深山锹甲	分布于我国福建、广东、海南、四川、广西、浙江等地，栖息于树桩上	体长 4.9 ～ 9 厘米，整个身体呈棕色，体形较细长，通常体表不被毛。成虫多在夜间活动，有趋光性，也有白天活动的个体	成虫以树叶、树木、汁液、花蜜为食，幼虫以腐殖质为食

巨叉深山锹甲生性好斗，是一种进攻性很强的昆虫。它们在遇到困难时会直接回击，根本不会退缩。

巨叉深山锹甲雄虫最突出的特点就在于其上颚细长弯曲且多齿。巨叉深山锹甲虽性情暴躁，但吃得却很清淡，主要以树木汁液、树叶和花蜜等为食。

下图中的巨叉深山锹甲哪一只是雄虫，哪一只是雌虫？

戴氏棕臂金龟

　　今天，学校组织我们到农业大学的实验室参观。在这里，我见到了各种各样的农作物和昆虫，其中有一种罕见的昆虫——戴氏棕臂金龟。它的外形像个橡子，是长圆形。它的甲壳像是褐色的古玉，十分精致。它的个头小小的，趴在土地上几乎难以被发现。它大大的脑袋上长着细细的绒毛，对称的甲壳镶着黑色的描边。农业专家告诉我们，这种金龟数量稀少，是国家二级保护野生动物，也是"三有"动物。

日记点评

　　作者连续使用了两个比喻句，把戴氏棕臂金龟的外形比作橡子，把甲壳比作古玉，抓住了其形状和颜色的特点，十分形象，且每个比喻句后面都附带一句细节描写来进行修饰，避免了句子出现"头重脚轻"的情况。

戴氏棕臂金龟，又名戴褐臂金龟、戴褐长臂金龟、大卫姬长臂金龟，其体形像葫芦。雄虫体形通常比雌虫的大。

名称	分布/栖息	特点	食性
戴氏棕臂金龟	成虫将卵产在土壤中，卵在土中孵化	成虫有趋光性，喜欢黄昏时分活动。雄虫活跃期为2～4周，雌虫的活跃期稍长	成虫吸食树木汁液和果实，幼虫以腐殖质为食

表哥？

表弟！

戴氏棕臂金龟是我国特有种，包括2个亚种，分别是指名亚种和福建亚种。指名亚种分布在江西、福建等地，福建亚种仅分布在福建。

我更红、绒毛更多。我是"福建虫"呀！

戴氏棕臂金龟指名亚种和福建亚种外形略有差别。前者身体呈黄褐色，后者的呈红褐色；前者的前足胫节绒毛退化，绒毛较少，后者的绒毛较多；前者鞘翅上有黄褐色斑纹，后者的有红褐色斑纹。

44

找一找

请圈出两种戴氏棕臂金龟的不同之处。

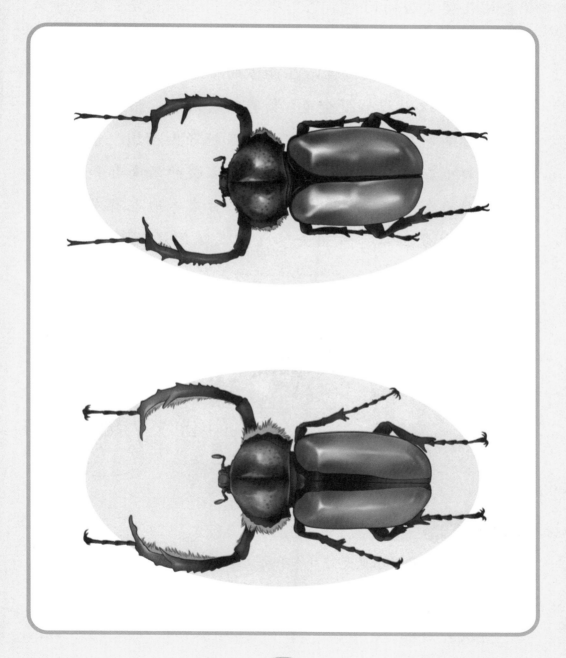

格彩臂金龟

5月1日 多云

今天，我在家里跟爸爸一起看电视。电视节目中讲到了全球气候变暖的问题。爸爸跟我讲，全球气候变暖会带来很多的问题，很多动物的生存会受到影响，比如现在在我国北方就发现了原本应该生活在南方的格彩臂金龟。我好奇地问爸爸："什么是格彩臂金龟？"爸爸告诉我，格彩臂金龟是一种彩臂金龟属昆虫，是国家二级保护野生动物。它色彩艳丽，主要生存在我国云南、广西这些温暖的西南部和南部山区。但因为全球气候变暖，在四川、甘肃等地也有发现。我听了后，十分担心，希望全球气候变暖问题能够赶快得到解决！

日记点评

作者运用了以小见大的写作手法，在介绍格彩臂金龟的相关知识时，借格彩臂金龟的栖息问题，深切地表达了自己对全球气候变暖的担忧，立意非常深远。

生活在温暖南方的格彩臂金龟属于金龟科彩臂金龟属。它体长约 6 厘米，宽约 3.5 厘米。被列为国家二级保护野生动物。

名称	分布 / 栖息	特点	食性
格彩臂金龟	活动于印度东北部、越南南部、缅甸、泰国、老挝，以及中国云南、广西	身体呈椭圆形。前胸背板呈古铜色，泛绿紫光泽；鞘翅上有许多不规则的黄褐色斑点，有些斑点中有黑褐小点；其余体表呈金紫色	幼虫以腐朽木材为食，成虫以树木伤口流出的汁液为食。成虫一般在夜晚活动，有较强的趋光性

我原本生活在亚热带。

格彩臂金龟主要在热带和亚热带森林活动。它的幼虫期比较长，可达 1 年多。幼虫主要以腐朽树木为食。在羽化为成虫后，它的生命也将进入倒计时，仅有月余的存活时间。

成虫喜欢待在潮湿土壤中或靠近水源的地方，平时也会在土中挖挖地道，在遇到危险时会装死逃生。

仔细看，格彩臂金龟在哪里？

阳彩臂金龟

　　我和爸爸妈妈在树林中散步时，突然感觉眼睛被闪了一下。定睛一看，树枝上竟趴着一只巨大的甲虫！它浑身散发着金属光泽，仿佛穿了一身暗绿色的铠甲。它头盔的颜色比铠甲的鲜艳得多，似乎是金绿色的。我伸手想去碰碰它，它竟迅速地从树干滑下，钻进地上厚厚的落叶丛中去了。这时，我才发现，它的前肢竟然比身体还要长。爸爸告诉我，这是中国最大的甲虫——阳彩臂金龟。

日记点评

　　作者对阳彩臂金龟的观察非常仔细，不但生动地把它散发金属光泽的外壳比作暗绿色的铠甲，而且非常细致地描写出它头部和身体颜色不同、前肢比身体长的特点，非常棒！

物种卡片

让我们一起学习阳彩臂金龟的其他知识吧!

阳彩臂金龟属于鞘翅目臂金龟科,是国家二级保护野生动物,中国特有种,被列入《世界自然保护联盟濒危物种红色名录》。它分布于中国福建、广东、四川,以及越南、缅甸北部、老挝等地。

名称	分布/栖息	特点	食性
阳彩臂金龟	热带、亚热带的常绿阔叶林或常绿落叶阔叶混交林中	中国最大的甲虫。最大的特点是前肢比身体长得多。前肢长度可达10厘米,身体长度仅仅6厘米左右,是名副其实的"猿臂"	喜食腐烂食物

阳彩臂金龟喜食腐烂食物,雌虫往往将卵产在腐朽木屑土中,这样可以为后代提供良好的生存环境。阳彩臂金龟对生态环境要求比较高,它的出现往往标志着所在区域的生态环境较好。

我是阳彩臂金龟。

我是格彩臂金龟。

这里的生态环境真不错!

真好,这样就不用来来回回地搬家了!

阳彩臂金龟喜欢的食物在哪里？

戴叉犀金龟

今天，我和爸爸妈妈一起爬山。在一棵大树下，我看到一只黑色的大甲虫正趴在树根上休息。妈妈告诉我，这只甲虫叫作戴叉犀金龟，是一种罕见的国家二级保护野生动物，让我仔细观察它。戴叉犀金龟披着黑色的硬甲，六只脚紧紧抓着树根。在阳光的照耀下，它的甲壳反射出闪亮的光泽。它的脑袋前长着一对特角，胸背中央有一个犀牛角一样的尖角。它就像一个穿戴着盔甲和头盔的将军一样威风凛凛。

日记点评

作者运用了比喻的修辞手法，把戴叉犀金龟比作穿戴盔甲的将军，生动地刻画了戴叉犀金龟的外形特点，形象而贴切，体现了作者对戴叉犀金龟的喜爱之情。

戴叉犀金龟雄虫体长 2.3 ~ 5.5 厘米，前胸背板中央有一个凸起的尖角；雌虫体长 1.2 ~ 3.2 厘米，前胸背板有明显凹坑。

名称	分布 / 栖息	特点	爱好
戴叉犀金龟	幼虫生活在木头、腐殖土中，成虫生活在山区的山林中	成虫多于 7 月中旬至 8 月中旬在野外出现，喜欢夜间活动，趋光性强	幼虫以腐殖质为食，成虫喜欢吸食树木汁液和新鲜果实

戴叉犀金龟（也称大卫独角仙）生活在我国福建、湖南、江西、浙江，越南北部也有一定的分布。成虫每年发生期通常为 7 月中旬至 8 月旬，具有较强的趋光性。它和双叉犀金龟（独角仙）是近亲，但它的翅膀更坚硬，体形更短圆，体色漆黑。

表哥！

老婆，这树好吃。

戴叉犀金龟的啃食能力极强，喜好吸食树木汁液，甚至可以导致大树死亡。严格意义上来说它属于害虫，然而由于它的数量稀少，因此也被列为保护动物。

戴叉犀金龟和双叉犀金龟有什么不同?

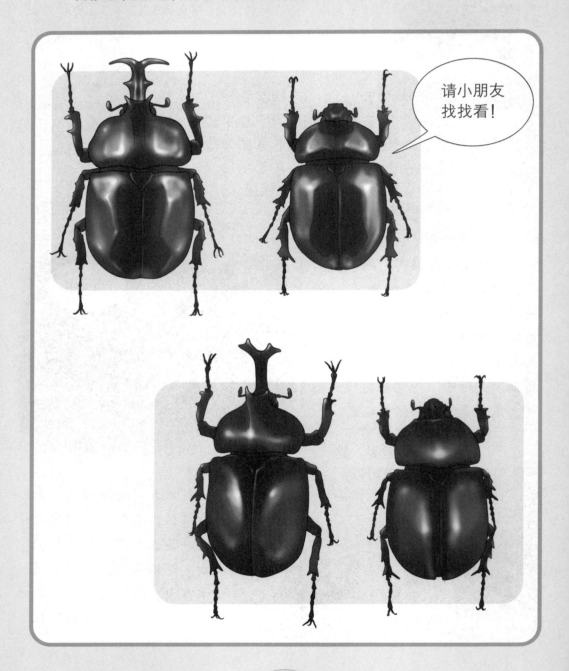

细角尤犀金龟

今天，我和爸爸在西双版纳的树林中徒步旅行。因为在出发之前，我们定下了一个小目标——在林中找到珍稀的细角尤犀金龟，所以在树林里，我瞪大了眼睛，仔细地到处寻找。虽然细角尤犀金龟背部是亮眼的黄褐色，但在茂密的竹林中，可真是不好找呢！就在我准备放弃的时候，突然看见竹林中的一处草丛微微动了一下。我轻轻拨开草丛一看，一只细角尤犀金龟正趴在一块石头上呢。真是"山重水复疑无路，柳暗花明又一村"啊！

日记点评

作者详细描写了自己在竹林中寻找细角尤犀金龟的经过，结尾还引用宋代诗人陆游的诗句，来表达自己久久寻觅，最终发现细角尤犀金龟的那份狂喜，值得点赞！

学习知识其实也是"柳暗花明"的过程呢！看看还有哪些关于细角尤犀金龟的知识。细角尤犀金龟属于鞘翅目犀金龟科，是国家二级保护野生动物，分布于我国云南的西双版纳、澜沧、高黎贡山等地。

名称	分布/栖息	特点	食性
细角尤犀金龟、五角犀金龟	喜欢生活在竹林中	背部呈草黄色或黄褐色；头、胸部共有五个角，其中头部的角弯曲且长，形似犀牛的角	幼虫喜食含有竹叶的腐叶土

我们产卵繁殖。

我可有五个角呢！

细角尤犀金龟是一种数量十分稀少的昆虫，共有五个亚种。它外形奇特，因头、胸部共有五个角，也被称为五角犀金龟。

细角尤犀金龟在哪里?

粗尤犀金龟

　　和家人在云南旅行时，我在树林中看到一只巨大的甲虫趴在树的伤口处吸食汁液。我惊喜地大喊："妈妈，快看，这只细角尤犀金龟正在吸食树的汁液呢！"妈妈走过来，摸了摸我的头，说："你再认真看看，这是细角尤犀金龟吗？"我努力回想了一下细角尤犀金龟的外形，果然与这只的不同。细角尤犀金龟身体是黄褐色的，而这只甲虫身体是黑色的且周围有一圈金色的边。"妈妈，这只甲虫叫什么呀？""这是粗尤犀金龟，是细角尤犀金龟的亲戚！""原来如此，难怪它们长得这么像呢！"

日记点评

　　作者用简练的语言记叙了一个自己将粗尤犀金龟误认为细角尤犀金龟的小故事，且运用了对比的修辞手法，在与细角尤犀金龟的对比下，粗尤犀金龟的特点更加明显啦！

和细角尤犀金龟一样，粗尤犀金龟也属于鞘翅目犀金龟科，是国家二级保护野生动物。分布于中国云南，以及尼泊尔、不丹、越南等地。

名称	分布/栖息	特点	食性
粗尤犀金龟	温暖湿润的山林中	与细角尤犀金龟一样，头、胸部共有五个角，只是角更粗短一些，身体主要呈黑褐色	果实、树木的汁液

看看，我的角比较粗一点！

粗尤犀金龟共有两个亚种，一个为指名亚种，鞘翅颜色多为深棕色；另一个是金边亚种，鞘翅边缘为棕色，仿佛为其镶了一条金色的边，故得名。

找一找下面哪一只是细角尤犀金龟，哪一只是粗尤犀金龟。

普氏考锹

爸爸终于有时间陪我来南非玩，这是我人生中第一次来这么远的地方旅行。南非有好多特殊的景色，也有许多稀有物种。在南非的山脉旅行时，我们碰上了著名的稀有昆虫：普氏考锹。它长着非常特别的大颚，就像在嘴上顶着一对兔子耳朵一样，特别显眼。爸爸说，这种昆虫只生活在南非的山脉里，被世界自然保护联盟列为濒危物种。

日记点评

作者运用了比喻的修辞手法，把普氏考锹的大颚比作兔耳朵，形象地描写出普氏考锹鲜明的外形特点，不但抓住了重点，而且生动有趣。

来看看普氏考锹还有哪些知识点值得我们关注。普氏考锹是南非特有种，世界自然保护联盟将其列为濒危物种，中国参加的《濒危野生动植物种国际贸易公约》中也包括了考锹属的普氏考锹。

名称	分布 / 栖息	特点	食性
普氏考锹	南非斯瓦特山脉。栖息地通常较为干燥，且植被稀疏	体形最大的考锹属昆虫	喜欢吃腐朽的木屑和植物根茎，也吃植物的叶子和汁液

我们有特别的大颚！

普氏考锹是考锹属体形最大的物种，雄虫体长 2.6 ~ 3.5 厘米，雌虫体长 2.2 厘米左右。

考锹属的分布范围很窄，每一个物种都仅在南非开普省附近的山区活动。

普氏考锹和巨叉深山锹甲有什么区别呢?

伟铗虮

今天，爸爸带我来四川甘孜藏族自治州乡城县看望在这里工作的表哥。一见面，表哥就特别神秘地跟我说："听说你喜欢观察各种昆虫，这里有一种只有在乡城县才能见到的稀有昆虫哦！"我非常兴奋，迫不及待地让表哥带我去寻找。在树林边缘寻找了很久，我们才在一块大石下的枯叶里发现它。它看起来有点像蜈蚣，爬得很快。表哥说，它叫伟铗虮，20世纪80年代在乡城县被首次发现。这种双尾目的昆虫仅分布在这里，非常稀有，是国家二级保护野生动物。

日记点评

作者以记叙的方式，向我们介绍了伟铗虮的生活习性，虽然语言平实质朴，但是内容并不枯燥，包含了许多关于伟铗虮的知识，非常值得我们学习！

物种卡片

来了解一下伟铗虮的其他特点。伟铗虮属于双尾目铗虮科，在我国数量稀少，只在四川乡城县被发现，是国家二级保护野生动物。

名称	分布 / 栖息	特点	食性
伟铗虮	四川乡城县，喜欢在腐殖土中，以及潮湿的石块、木段、树皮及落叶下生活	体形较大的双尾目昆虫，体长 3.8 ~ 6 厘米	喜欢吃腐殖质、菌类和微小动物

伟铗虮喜欢生活在阴暗潮湿的地方，爬行速度很快，在枯枝落叶间、腐烂的树干中和石缝里可以找到它。

我只爱四川乡城县！

我喜欢石缝！

找一找

下面哪张图中是伟铗虮喜欢的环境呢？

金斑喙凤蝶

在大瑶山游玩时，我看见了一只在树丛中翩翩起舞的蝴蝶。"哇，好漂亮的蝴蝶呀！"它的后翅上有金黄色的亮斑，翅膀上布满了绿色的鳞片，在阳光的照射下，身上仿佛发出了幽幽的绿光。我赶快拿出相机拍摄了好多照片，直到妈妈喊我，我才回过神来。

"妈妈，我看见了一只超级漂亮的蝴蝶！"我兴奋地拿出照片和妈妈分享。妈妈非常高兴地说："那是金斑喙凤蝶，是世界上最罕见的蝴蝶之一，被称为'梦幻中的蝴蝶'，非常难见到呢，你真是幸运！"

日记点评

　　作者运用拟人的修辞手法，描写出金斑喙凤蝶轻盈、美丽的样子，并且细致地描写了蝴蝶身上艳丽的颜色，极具画面感。同时，通过描述自己拍照投入，以及妈妈的介绍，侧面体现出这只蝴蝶的梦幻和罕见。

金斑喙凤蝶属于鳞翅目凤蝶科，是唯一被列为国家一级保护野生动物的蝶类，被国际濒危动物保护委员会列为 R 级，即最稀有的一级。它不仅外观漂亮，还是世界上最名贵的蝴蝶之一。

名称	分布／栖息	特点	食性
金斑喙凤蝶	金斑喙凤蝶只在中国、老挝和越南被发现。在中国，仅分布在海南、广东、福建、广西的少数地区。它在广西金秀大瑶山首次被发现。	体形较大，翅展为 8～9 厘米，翅膀上布满了翠绿色的鳞片	喜欢吸食一种杜鹃花科植物的花蜜

金斑喙凤蝶雌蝶与雄蝶外观差异很大。雄蝶的翅膀上布满了绿色的鳞片，后翅上有金黄色的亮斑；雌蝶翅膀上的绿色鳞片较少，后翅上是灰白色或白色的亮斑。

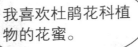

我喜欢杜鹃花科植物的花蜜。

金斑喙凤蝶雄蝶和雌蝶一般在 8 月份交配。虫卵孵化出幼虫后，在 9～10 月化为蝶蛹，第二年 4 月下旬至 5 月上旬才能破茧成蝶。

下面哪只是雌性金斑喙凤蝶，哪只是雄性金斑喙凤蝶？

金裳凤蝶

云南真是花的世界，红的花，黄的花，白的花，挤挤挨挨，迎风舞动。我陶醉在这五颜六色的花海中，突然发现了一只巨大的蝴蝶。"哇，好大的蝴蝶呀！"它的体形很大，比妈妈的手掌还要大。它在花朵上盘旋着，似乎在寻找一朵最合它心意的花。妈妈也注意到了它，妈妈说这是一种稀有的蝴蝶，叫金裳凤蝶。我连忙拿出手机找好角度等待时机。最后，金裳凤蝶果然选择了一朵百合，缓缓落下，开始吸食花蜜。"Yes！可以拍照了！"我赶快按下拍照键，终于拍到了它。

日记点评

作者在开头运用了排比的修辞手法，句式整齐，层次分明，生动描绘出作者身处百花之中的场景，仿佛一幅花团锦簇的画卷在读者面前展开。

金裳凤蝶的外观和它的名字一样动人，它属于凤蝶科裳凤蝶属，是国家二级保护野生动物，是我国已知最大的蝴蝶。

名称	分布/栖息	特点	食性
金裳凤蝶、黄裳凤蝶、黄扇蝶	中国南方地区及东南亚、大洋洲都有分布，生活在海拔1200米以下的地区	中国体形最大的蝴蝶，雌蝶翅展约为16厘米，雄蝶翅展约为12厘米	成虫喜食百合、海桐等植物的花蜜

金裳凤蝶不但体形大，而且寿命很长。普通蝴蝶一般寿命为 10～15 天，而金裳凤蝶至少能活 1 个月。

金裳凤蝶雌蝶外形比雄蝶的稍大；雄蝶后翅基本是金黄色的，而雌蝶的后翅则布满了金黄色的斑块。

我们是中国最大的蝴蝶，也是"长寿冠军"！

金裳凤蝶的幼虫多喜欢在马兜铃属的植物上生活。成虫喜爱吃百合、海桐等植物的花蜜。

下面哪只是雌性金裳凤蝶，哪只是雄性金裳凤蝶？

多尾凤蝶

我和爸爸一起在云南旅行。今天，我们来爬高黎贡山。正当我们爬得气喘吁吁的时候，突然听见有人在喊："快看，高山美人！"我连忙抬起头，顺着说话人手指的方向认真寻找。终于，在树冠之间，我看见了它——一只美丽的蝴蝶。它黑白相间的翅膀几乎和高大的树冠融为一体，不仔细看，真是发现不了它！"高山美人"是对多尾凤蝶的爱称，它生活在海拔2000米以上的高山林中，翅膀上斑驳的黄白色条纹，正是它的保护色。我抬头久久凝视着这只"高山美人"，真希望永远不会有人打扰它平静的生活。

日记点评

以语言描写开篇，达到"未见其人，先闻其声"的效果。作者运用了比拟的修辞手法，把多尾凤蝶称为"高山美人"，并细致地描写出多尾凤蝶的外形特点和生活环境。

"高山美人"多尾凤蝶，属于凤蝶科尾凤蝶属，是国家二级保护野生动物。它是不丹的国蝶。

名称	分布/栖息	特点	食性
多尾凤蝶、不丹尾凤蝶、四尾褐凤蝶	主要分布在中国云南，以及缅甸、泰国、不丹、印度北部	翅膀上有7条黄白色斜纹，触须较短	喜食长穗木、海檬果、马缨丹等植物的花蜜

多尾凤蝶生活在海拔2000米以上，气候温暖，冬季干燥晴朗、夏季较为潮湿的山林中。

海拔 2000 米

多尾凤蝶的数量非常稀少，因为它的栖息地被人为破坏，以及它繁衍的速度极慢。多尾凤蝶每年仅发生一代或两代。

多尾凤蝶在哪里?

双尾凤蝶

今天，我和爸爸来爬山。快爬到山顶时，太阳才刚刚露出红通通的脸。我伸了个懒腰，冲山下大喊："啊——"顿时惊起了一群鸟和几只蝴蝶。"爸爸，快看，是多尾凤蝶！"我指着一只蝴蝶对爸爸说。爸爸认真观察了一下，说："这不是多尾凤蝶，是双尾凤蝶。"爸爸告诉我，多尾凤蝶与双尾凤蝶都属于尾凤蝶属，样子也十分相像，只是后翅略有区别。多尾凤蝶的后翅有红色的警戒色，看起来像一双眼睛，双尾凤蝶则没有。太阳渐渐升高，山林沐浴在阳光下，一切都暖融融的，之前一直懒洋洋的双尾凤蝶突然飞舞起来，真的太美了！

日记点评

作者将双尾凤蝶与多尾凤蝶进行对比，突出了双尾凤蝶的外形特点，引起读者的阅读兴趣。结尾处运用了借景抒情的写作手法，借朝阳下温暖美好的山林之景，表达了作者对双尾凤蝶的喜爱之情。

让我们随着双尾凤蝶的飞舞，一起来看看它的特点吧！双尾凤蝶属于凤蝶科尾凤蝶属，是国家二级保护野生动物，中国特有种。

名称	分布/栖息	特点	食性
双尾凤蝶	我国四川、云南海拔 2000 米左右气候温暖的高山林中	从触角到腹部都是黑色的，前翅有 7 条黄白色的斜纹	取食马兜铃属的植物

双尾凤蝶是一种变温动物，它们无法自己调节体温，只能靠外界的温度影响体温。当外界温度低时，它就张开翅膀，面向太阳取暖；当外界温度高时，它就扇动翅膀，翩翩起舞。

下面哪只是双尾凤蝶，哪只是多尾凤蝶？

黑紫蛱蝶

　　今天，我和妈妈一起来到黄山风景区游玩。这是一个昆虫种类非常丰富的景区。我拿着望远镜观察树梢上的昆虫时，忽然一个飘飞着的身影吸引了我的注意。它的翅膀泛着亮闪闪的蓝色光泽，就好像天鹅绒一样。它的翅膀上有一条红色的纹路，在阳光下非常奇幻。真的太美了！妈妈非常兴奋，说这是稀有的黑紫蛱蝶，是国家二级保护野生动物。它可是黄山风景区的动物明星！

日记点评

　　作者运用了比喻的修辞手法，将黑紫蛱蝶的翅膀比作天鹅绒，非常形象贴切，抓住了蝴蝶翅膀细腻、有光泽的特点，使黑紫蛱蝶在阳光下飞舞的形象跃然纸上！

这个"动物明星"黑紫蛱蝶属于蛱蝶科，是国家二级保护野生动物，是我国最珍贵的蝴蝶品种之一。

名称	分布/栖息	特点	食性
黑紫蛱蝶	浙江、福建、四川等地的山林中	翅展9～10厘米，是一种比较大型的蝶类，翅膀上有鲜红色大环	喜欢吃植物的汁液、花蜜

黑紫蛱蝶是我国特有的品种。它体形大、数量少。

只有在中国才能见到我。

黑紫蛱蝶有时会在重庆江津四面山景区的瀑布下，补充矿物质和水分。

请找一找黑紫蛱蝶在哪里。

阿波罗绢蝶

　　这是我第一次和爸爸到新疆旅行。吃完早饭后，天空中传来了"轰隆隆"的闷雷声，我心想：看来今天不宜出门。在民居前的走廊，我突然看到一只在躲雨的大蝴蝶。这只蝴蝶长得好奇特，我以前从没见过！它的翅膀像是透明的丝绢，前翅较圆，翅表有许多黑点，后翅上有一些鲜红色斑点。这是什么品种的蝴蝶呢？我太好奇了，就去问了爸爸。爸爸告诉我，这种蝴蝶是阿波罗绢蝶，生长在海拔750～2000米的山区，耐寒性很强。它可真是太厉害了！

日记点评

　　作者运用了比喻的修辞手法，把阿波罗绢蝶的翅膀比作丝绢，抓住了这种蝴蝶翅膀透明、羽翼柔顺、色泽鲜明的外形特点，描写出阿波罗绢蝶明艳动人的外形，喻体恰当，引人入胜。

阿波罗绢蝶像一只高山精灵，俏丽可爱。它属于绢蝶科绢蝶属，是国家二级保护野生动物。

名称	生长地	特点	食性
阿波罗绢蝶	欧洲、蒙古国及中国新疆，海拔750 ～ 2000 米的高山草甸和牧场、山区草原	翅展 7 ～ 8.4 厘米，是一种大型蝴蝶。翅膀像丝绢一样，有一点点透明	幼虫喜欢吃景天属植物，成虫吃花蜜

阿波罗绢蝶生活在高山上，有着极强的抗寒能力，飞翔时会紧贴地面。

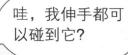

我可是耐寒的高山蝴蝶。

哇，我伸手都可以碰到它？

阿波罗绢蝶成虫出现在 6 ～ 9 月，以蛹越冬。蝶蛹长约 21 毫米，呈暗褐色，有光泽，覆盖有灰白色粉。成虫以花蜜为食物，也吸食树汁、水中溶解的矿物质等。

阿波罗绢蝶、黑紫蛱蝶、金斑喙凤蝶这三种蝴蝶有什么区别呢?

大斑霾灰蝶

今天，我和爸爸妈妈在草场上散步，忽然，我发现不远处的叶子上停留着一只巨大的灰色蝴蝶。它不是那么漂亮，翅膀灰灰的，我还以为在植物上看到了大飞蛾呢。可是靠近之后我才发现，原来它"深藏不露"。它的翅膀整体是紫蓝色的，上面有紫黑色带。妈妈说，别小看这种大斑霾灰蝶，它可是国家二级保护野生动物。

日记点评

作者描写的角度由远及近，结构恰当，引人入胜；还使用了欲扬先抑的写作手法，情感的转折突出了大斑霾灰蝶的美丽动人，以及作者对大斑霾灰蝶的赞美之情。

"不鸣则已，一鸣惊人"，没想到"其貌不扬"的大斑霾灰蝶竟然如此珍稀！它属于灰蝶科霾灰蝶属，是国家二级保护野生动物。

名称	生长地	特点	食性
大斑霾灰蝶	分布在灌木林缘草坡地	翅膀正面浓紫蓝色，背面青灰色	喜食植物汁液、花蜜

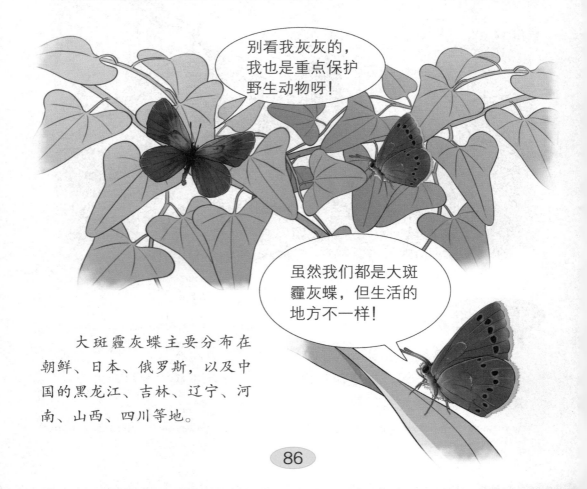

别看我灰灰的，我也是重点保护野生动物呀！

虽然我们都是大斑霾灰蝶，但生活的地方不一样！

　　大斑霾灰蝶主要分布在朝鲜、日本、俄罗斯，以及中国的黑龙江、吉林、辽宁、河南、山西、四川等地。

请找一找大斑霾灰蝶在哪里。

海南塞勒蛛

今天，老师带我们来到了海南热带雨林国家公园。令我印象深刻的是在这里看到的海南塞勒蛛。老师说，它是《国家重点保护野生动物名录》中唯一的蛛形纲动物，虽然不属于昆虫，但也是我们应该知道的珍稀物种呢。

我有些害怕。海南塞勒蛛个头很大，肢体伸开时和我的手掌几乎一样大。它的毒牙又长又尖，看起来非常危险。老师告诉我们，它是中国体形最大的蜘蛛，常常捕食小的昆虫，甚至还捕食小鸟和其他小动物。它的毒液能够造成巨大的伤害。

日记点评

作者以白描的写作手法，细致描写出海南塞勒蛛的外形特征，让我们仿佛看见了一只露出毒牙、对着猎物蓄势待发的大蜘蛛，让人不禁感觉寒意涌上心头。

勇敢面对你害怕的东西，你将更加强大，所以一起来了解海南塞勒蛛吧！海南塞勒蛛分布在我国海南、广西，属于捕鸟蛛科塞勒蛛属，是国家二级保护野生动物。

名称	生长地	特点	食性
海南塞勒蛛、海南捕鸟蛛	海南和广西温暖的常绿林、灌木丛，在山体下部挖洞而居	中国已知最大的蜘蛛，成年足展能达到20厘米	昼伏夜出，躲藏在洞里，捕食路过洞口的昆虫和小型动物

海南塞勒蛛喜欢在林缘和路边的土坡、石缝中筑巢。它是一种含有毒素的蜘蛛呢，大家见到后一定不要触碰它！

我可是有毒的，而且是国家二级保护野生动物，别惹我！

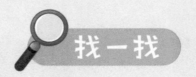

下面 3 种环境，海南塞勒蛛不可能出现在哪里？

收集和观察昆虫的工具有哪些？

1. **相关资料：**《国家重点保护野生动物名录》、各种昆虫图鉴。

2. **捕虫网：**大部分昆虫不会傻呆呆地待在原地，我们可以使用捕虫网捕捉它们。

3. **望远镜：**利用望远镜，在不惊动昆虫的情况下，我们在远处也可以清楚地观察它。

保存和观察昆虫需要合适的工具，有些昆虫受惊时会蜇咬人，需要小心。

1. **含背带的昆虫收集盒：**用于安放捕捉到的昆虫。有两个可以打开的小盖子，盖子上面有小孔，可以让昆虫有充足的空气。

2. **小镊子：**用来夹取给昆虫的食物和其他小东西。

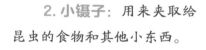

3. **大号昆虫夹：**用来夹取大型昆虫。中间留有空间，让昆虫不容易受伤。

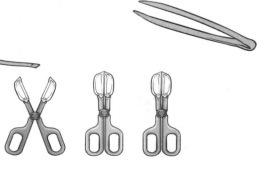

4. 小号昆虫夹：用来夹取小型昆虫。

5. 放大镜：用来观察昆虫细微的特征。观察细小的昆虫时也用得到。

6. 观察杯：活跃的昆虫可能会飞走或者跳走，需要用到带有放大镜功能的观察杯。

怎么观察昆虫？

观察昆虫的各个部分，如头部、胸部、腹部、口器、触角、翅膀和腿等。每一种昆虫都非常有特点！